멘사 스도쿠 100문제 초급

Puzzles from THE MENSA PUZZLE BOOK
and THE MENSA NUMBER PUZZLE BOOK
by British Mensa

Puzzles © British Mensa Ltd. 2018
Design © Welbeck Non-Fiction, part of Welbeck Publishing Group 2018
All rights reserved.
Korean translation copyright © 2023 BONUS Publishing Co.
Korean translation rights are arranged with Welbeck Publishing Group through
AMO Agency.

IQ 148을 위한 두뇌 트레이닝

멘사 스도쿠

100문제 초급

MENSA SUDOKU

브리티시 멘사 지음

보누스

멘사란 무엇인가?

멘사란 '탁자'를 뜻하는 라틴어로, 지능지수 상위 2% 이내(IQ 148 이상)의 사람만 가입할 수 있는 천재들의 모임이다. 1946년 영국에서 창설되어 현재 100여 개국 이상에 14만여 명의 회원이 있다. 멘사의 목적은 다음과 같다.

첫째, 인류의 이익을 위해 인간의 지능을 탐구하고 배양한다.
둘째, 지능의 본질과 특징, 활용처 연구에 힘쓴다.
셋째, 회원들에게 지적·사회적으로 자극이 될 만한 환경을 마련한다.

IQ 점수가 전체 인구의 상위 2%에 해당하는 사람은 누구든 멘사 회원이 될 수 있다. 우리가 찾고 있는 '50명 가운데 한 명'이 혹시 당신은 아닌지?

멘사 회원이 되면 다음과 같은 혜택을 누릴 수 있다.

- 국내외의 네트워크 활동과 친목 활동
- 예술에서 동물학에 이르는 각종 취미 모임
- 매달 발행되는 회원용 잡지와 해당 지역의 소식지
- 게임 경시대회, 친목 도모 등을 위한 지역 모임
- 주말마다 열리는 국내외 모임과 회의
- 지적 자극에 도움이 되는 각종 강의와 세미나
- 여행객을 위한 세계적인 네트워크인 'SIGHT' 이용 가능

멘사 스도쿠를 풀기 전에

멘사 스도쿠에 도전하려는 여러분을 환영합니다. 이 책에서 소개하는 스도쿠 퍼즐은 모두 112문제입니다. 어떤 문제는 유형이나 푸는 방식이 조금 다릅니다. 하지만, 모든 스도쿠 퍼즐은 빈칸에 1부터 9까지의 숫자를 각 줄과 3×3 박스에 중복 없이 배치한다는 절대적인 규칙이 있습니다. 완전히 새롭고 낯설어 보이는 문제도 이 전제에 추가 요소만 들어가 있을 뿐이지요. 기본에 충실하면 못 풀 퍼즐은 없습니다.

물론 특별한 유형의 스도쿠가 나올 때마다 설명과 함께 퍼즐을 푸는 가이드가 제공됩니다. 이 책에는 일반 스도쿠와 함께 가장 널리 알려진 유형인 직소 스도쿠, 부등호 스도쿠, 킬러 스도쿠가 소개되어 있습니다. 두뇌를 쓰며 즐거움을 느끼는 여러분들이라면 다양한 문제들을 풀며 짜릿한 쾌감을 맛볼 수 있을 것입니다.

그럼, 행운을 빕니다. 잘 풀리지 않더라도, 스트레스를 받기보다는 머리를 식히고 다른 쉬운 문제들부터 풀어보시기 바랍니다. 멘사에서 준비한 두뇌 유희를 마음껏 즐기세요!

브리티시 멘사

차례

스도쿠

유형 소개

가장 널리 알려진 일반적인 스도쿠이다. 1부터 9까지의 숫자를 빈칸에 넣는다. 이때, 각 가로줄과 세로줄, 굵은 선으로 나뉜 3×3 박스에 숫자 1~9를 중복 없이 하나씩만 넣어 퍼즐을 완성해야 한다.

1

5	3	2		8				
		1						
7			5	6		9		
					3			
	1			7		5		3
			9			7		
							2	8
4				9				1
1	7					4		9

2

						3		
8	1	5			9		2	
4						9		1
	7		8					
				1		2	9	3
	3		4					
3						6		8
7	2	8			6		3	
						1		

3

				6		3		
5		3	7		2			1
	6				9			
		2		7		4		
8		1				7		2
		6		3		8		
			1				8	
3			4		7	9		6
		9		8				

4

	7			1			4	
								2
		6	2	5	9			
	1	8	9					7
	5	3	7		1	2	6	
7					6	9	1	
			1	9	2	4		
8								
	6			7			3	

5

	8						4	
				4		5	2	
4			3	2	7			8
			7	5		2		
		3	4		9	6		
		4		6	3			
2			9	3	8			5
	4	1		7				
	3						8	

6

2				7	8	6		
4	3	9	6		2			8
						4		
8				4				1
		4		2		3		
7				1				2
		8						
5			1		4	8	3	9
		1	5	8				4

7

		8	1	2				
		9						8
	5		8	4		9		3
	9				1	2		
4								7
		7	4				6	
7		6		3	8		4	
5						8		
				5	6	7		

8

	3	9						
	6			1		3	7	
1					3		4	
	1			3	5	4	6	
			4		1			
	9	4	6	7			5	
	5		1					4
	2	7		6			1	
						8	9	

9

		7				9		2
9		6		4	7			
	1		3			8		
					5			8
				7				
4			9					
		5			8		6	
			1	3		7		9
2		1				3		

10

		3	7		1		2	
	4		2			5	6	
7						3		1
				8				
		8	5		4	6		
				7				
4		7						2
	3	6			9		5	
	5		1		7	9		

11

				5		8	6	
	3				4		5	
	2					1		9
	8		5		9			1
		6		7		3		
2			4		6		8	
9		7					1	
	5		6				9	
	6	8		9				

12

	5	3	7	4		2		
			3			4		9
		1	2				5	
		8						
7	6	5				9	3	1
						5		
	4				7	6		
5		6			4			
		7		6	2	1	4	

13

	3						4	
				9		2	1	
		1	7		8			
			9	3		8		6
1		3				5		4
8		6		7	4			
			3		7	4		
	7	8		2				
	6						3	

14

	9				4		3	
				2				9
4	8				3	7		
		8	9		1			3
	7						5	
3			5		6	1		
		5	2				7	1
2				5				
	6		4				9	

15

		4		5				1
8	5				6	2		
		2				3	4	
		6	1	8				
	1						6	
				2	5	1		
	3	9				8		
		7	3				5	6
2				7		4		

16

		5	9	2				
	2	3			7		4	
	1	4		3				
6					9		1	
		1	8	7	2	6		
	9		1					8
				8		4	2	
	7		2			3	5	
				6	5	7		

17

7		1						6
6					8	4		
	8	2				9		
					9			
5			1	4	6			8
			7					
		7				2	1	
		4	6					5
1						8		4

18

	3			7		8	5	
9	8		2			3		
				6	3	4		1
				2		7	1	
	4	7		3				
3		1	7	4				
		2			1		6	3
	5	8		9			4	

19

						3		
8								4
	1	3	8				2	
4					5			3
3	9		2		7			
6					8			5
	8	2	7				4	
5								8
						6		

20

						8		3
	3			1	4		5	
			3		7			9
4	8							
5		6				3		4
							8	5
9			2		3			
	5		6	4			9	
1		8						

21

5								8
		3			5	6	4	
4	8			9			1	
6					1	4		
		9	5					7
	4			6			7	1
	3	7	1			8		
8								2

22

		7						6
			3			8		
8	5			7				
		8	5	1		3	9	
	6						8	
	4	9		3	8	6		
				2			1	7
		5			1			
4						2		

23

	1			9		2		6
			6			7		
7		6						
					6		8	
1			8		4			9
	6		9					
						6		2
		2			8			
9		1		6			7	

24

			8	7				
5		7	3			6		1
	8				5			7
	5	3		9	7		1	
		9				7		
	7		4	8		5	9	
9			7				6	
7		4			8	9		2
				2	9			

25

			8		7			3
	4	3	9				6	
9								
		8		7	3			9
	3						7	
2			5	4		1		
								4
	1				6	3	8	
3			7		5			

26

6						1		8
3				8	4		2	
				9				4
		2		1		9		
		6	2		9	3		
		5		4		7		
8				5				
	5		9	6				3
9		4						5

27

	7	6				9	8	
5	8	9				6	2	1
1		2				7		5
	5			6			9	
			5	8	2			
2			7		8			9
3		8		5		1		7
	9						3	

28

3			2			7		
	4				9	2		
	7		4					6
8	3						9	
				5				
	5						2	3
7					4		6	
		4	1				5	
		8			7			1

29

2								
	6		1	3	7		9	
			2	8			3	
6	2		3			4		7
		8		2		6		
9		7			8		2	1
	8			7	1			
	3		5	9	2		4	
								5

30

8						2		1
	3		1					
6				2		5		
					6	8		9
			3	4	8			
					5	3		2
2				7		6		
	9		8					
1						4		3

31

		6		5			8	
	5		2			6		
						9	2	5
1	9		7			3		8
7		5	9					
4	6		5			2		7
						7	3	4
	4		6			8		
		8		2			6	

32

			4			7	9	
		9		5	7			6
	2							1
				2			3	
		4			3		1	
	1		9					8
				3			5	
5	4		1			2		
	9							

33

	9		5					
4						7		
			7	3			1	
		4	2		8			
		5	6	4		8		
				9	5	4		1
		1		8	6			
	7							5
6							2	

34

	7	4	6			9		
5								
	2		4		3			
		8	2		1	5	6	
7	1		8	3			2	
		5	9		7	8	3	
	6		5		4			
3								
	5	2	3			6		

35

1				7		8	5	
9	8				5	3		2
	2			6	3		9	1
		3		2			1	
	1		6			7		4
	6	7					2	
3			7					
	7	2		8	1		6	3
	5	8	3			1		

36

			5	2			7	8
3		1			4		2	
								4
		2		1		9		
	8		2	7	9	3		1
		5						
8		3				2		
	5		9	6	8			
9		4						5

37

		2				7	1	8
8			3			5		
	5		7	6				4
			9					
	8	6		3		9	7	
					7			
2				1	3		9	
		7			4			2
1	4	5				3		

38

	7	4						
2	5		6		4		3	
9		8						7
	9			4		7		5
			3				8	
	6							
			2			3		
	1			5			7	
		6	9					2

39

					2			
	3	9	8		4			7
8	2							
				2				1
	9	6				3	2	
2				3				
							1	6
3			6		1	7	9	
			7					

40

3			2				4	
		6	3				8	
					5			6
	3			6				
4	6			5			7	8
				4			2	
7			5					
	2				8	9		
	9				7			1

41

2						8	7	
	8		2				9	
				5		1		
	1		5		9		2	
		8			1			3
			3	2				
6		5						
3	7		1				8	
				7				9

42

			2	4	1			
2	5					7		
	1							8
	9	3	6					
5			8			2		
	2	6	4					
	6							5
7	3					8		
			3	6	9			

43

	1		5			4	9	
4	3				1			2
			9				6	1
		3		5			2	
8				2				9
	2			8		6		
5	8				3			
1			2				3	8
	6	7			4		1	

44

		6			2			8
9					6		1	
3			1	5	9			
2				1	8	6	3	5
	7				4	8		
						2		
	6	7						3
4	9	3		2				
	8				3	5	7	

45

	3	6						
5		2				8		
			9			6	3	
	1		4	7				
			1		3			
		4		8	6	9		
	4		6				5	1
		5			7			6
							4	

46

	3		4					
		2						5
		1			8			4
	6		1	3				2
1				4				6
4				2	5		3	
6			5			2		
2						9		
					2		1	

47

	1		2		5			
4								
		5	3			8		6
5		9		6		7		
			8			5		
3					1		4	
		2	7	4			9	
					2	4		
		6						5

48

	5			3				
6			8		5			1
	3		9	1	7		5	
	9		3	6	8		1	
				9				
		3	2		1	4		
	4	8		5		1	9	
3	6						2	4
	2						7	

49

3		6						
	8					9	7	6
2								8
			9			3		
				1	4	2	9	
				8				5
	7		1	6		8		
	2			3				
	4	5			8			

50

	7						6	
2	6	1				3	7	9
		3				2		
			4		5			
3				8				5
7		9	3	1	2	6		4
			5		8			
5				2				3
8		4				5		7

51

	4	9	8		2			
	6				9			
		8				3		
		5					4	9
8								
	1	2	9					6
			2		8	7		1
			7				3	5
1				5				

52

		3						5
	1			6		9		
6			4	1	2			
4			2		9	6		
1	2	8				7		4
7			1		8	5		
5			8	2	1			
	7			5		2		
		2						1

53

				1		4		
5			6		3			
	1						6	7
3			8					4
					5		7	9
1			2					6
	3						4	2
2			5		6			
				9		5		

54

6					5			
		4			7		5	3
	7					2		1
			7		9			
	1			2			4	
			1		3			
8		5					6	
1	3		8			7		
			9					5

55

							8	
6		5		1	8	4	7	
4		2						
3				2				
			1	4	6			
				5				9
						2		3
	2	4	6	3		7		5
	5							

56

7			9		2			5
8			4		6			9
3				5				4
		5				4		
9				8				7
	9		2		8		4	
		6		1		8		
	3						7	

57

		7	2					
	3							7
1					7	9	4	
5						7	8	
		8			4		5	
4						1	2	
9					6	2	1	
	1							5
		3	1					

58

		6						
		2					9	5
3				8	2	4		7
8	7		4					
				9				
					6		1	3
2		8	6	5				4
4	1					9		
						2		

59

				7			2	
	1						9	3
				6	2	8		
		7					3	4
			7	5	3			
6	5					7		
		9	6	3				
3	4						8	
	8			2				

60

4		6				1	8	3
5			8					
	9							
			4	3		6	2	
				1				
	7	3		2	8			
							9	
					5			8
8	1	7				5		4

61

							4	3
	3				7			2
9				1		8		
		1			9		2	
		8	3			6		
	7			5				
8				6	4			
			2				1	
3		5				4		

62

			3			8		5
	9			7				
	3				6		7	
1			2					
		6		3		1	4	
8			9					
	2				9		5	
	8			4				
			7			9		8

63

					8	5	1	
	6							
				5		8	4	
			2	6	3			1
		7	5					
3			1			2		4
8		5			4			
9		3						
			9		5			2

64

3	9			5		4		
6			7					
						2		1
	7				1			2
5				8			1	
			3		6			5
1		9						
				6				9
		4	9		8		7	

65

7			2			5		
				1	8	4		
				6			3	
		6			9	1		7
				4				
2		8	7			6		
	6			8				
		4	6	3				
		3			2			4

66

	5			3			8	
			2	7	5			
		2				7		
	9	8				2	1	
				9				
5		7				4		6
		4		2		8		
1				8				7
			5		1			

67

	6			8			4	
	4	9		6	2		1	
8				9			2	
1								
5		3				2		9
								7
	1			4				2
	3		6	2		4	8	
	8			5			9	

68

1			2	5		7		9
		6	3					
2	7		4			3		6
8	3						9	
	4	2		9			7	
				4			2	
7			5				6	
	2				8		5	
6		8	9		7	4		1

69

		1		4	3	7		
7				9			2	
							1	4
	1							2
		3		8		5		
9							7	
3	6							
	4			3				5
		7	9	6		3		

70

			3		1			
6								3
	1						2	
				7				
	2			9			1	
	9		2	3	4		8	
7		8				4		6
			5		7			
		4				7		

71

	1				7			9
9			4				1	
			2					8
	6	7	5			4		
				7				
4						2		6
			9		1			5
	5						3	
7		3			5	1		

72

					2			6
			8		1	5		
		2	6		7		4	
	8	6					7	
				4				
2	5	7						9
	6						9	
		9	1			2		
1					6			

73

	3			9				
6			3		8		7	2
4						9		
					9			
5		9		4		3		8
			7					
		7						3
8	2		6		1			5
				7			6	

74

6								4
	5				9	8		
					3	5	7	
		3		6		2	8	
8		2		9	4			
	8			4	2			
		1					2	
5				1				8

75

			9		2	1	4	
		4		3				
	2							
3			6	7				
	8		2					9
6					4	7	2	
8					1	5		
1					9			3
				6			7	

직소 **스도쿠**

유형 소개

일반 스도쿠와 마찬가지로 1부터 9까지의 숫자를 각 가로줄과 세로줄에 중복 없이 한 번씩만 넣는다. 그러나 굵은 선으로 나뉜 구역은 3×3 박스가 아니라 불규칙한 모양의 블록이다. 즉 각 가로줄과 세로줄, 굵은 선으로 나뉜 블록에 숫자 1~9를 중복 없이 하나씩만 넣어 퍼즐을 완성해야 한다.

76

	2				8			
1		8					3	
				8		7		9
		2				9		
6		4		9				
	3					1		6
			8				7	

78

					3			
3				2	1			
2			1			4		3
							3	2
		9				6		
4	1							
1		7			8			5
			6	8				7
			3					

79

	2					7		
1					8			2
		5				9	2	
	4		3		6		7	
	9	7				4		
7			5					8
		4					5	

80

		9						1
	6	1		2	7			
			1	5				
	5							
							1	
				8	4			
			7	9		1	8	
2						7		

81

6			3					
	1							
	9						8	
	6					8		
2		5				7		6
		9					3	
	3						7	
							4	
					3			8

직소 **스도쿠**

3		6	9					
			4					
							7	
		5		2		7	4	
			7		2			
	7	8		1		3		
	3							
					1			
					4	6		7

83

	1					6	3	
		3		2				7
					4			3
2		7				8		6
1			9					
8				6		3		
	7	5					4	

84

					4			7
		2	1					
	8		3				4	
	5							
	1		6		3		2	
							3	
	9				5		8	
					6	1		
7			8					

85

					7			
		5		2		3		
		4			6	1		
							5	3
	7		1		3		4	
9	5							
		7	6			2		
		2		1		9		
			7					

		3		4				
		8			5		4	6
4								
						3		
		6	9		4	2		
		1						
								4
3	1		5			7		
				3		1		

87

		7				9		
							9	
				8		7		
4	1		2	5				
				1	4		2	5
		8		7				
	9							
		3				5		

부등호
스도쿠

유형 소개

일반 스도쿠와 마찬가지로 1부터 9까지의 숫자를 각 가로줄과 세로줄에 중복 없이 한 번씩만 넣는다. 몇몇 칸에 주어지던 숫자가 없는 대신 인접한 칸과의 대소관계를 알 수 있는 부등호가 적혀 있다. 잘 알다시피 < 기호는 왼쪽 칸의 숫자보다 오른쪽 칸의 숫자가 크다는 뜻이고, > 기호는 반대로 왼쪽 칸의 숫자가 오른쪽 칸보다 크다는 뜻이다. 이 부등호를 단서로 퍼즐을 완성해야 한다. 숫자가 없어 막막하다면, 우선 인접한 모든 칸보다 작거나 큰 칸을 찾고 그 칸에 어떤 숫자가 들어가야 하는지 파악해 보자.

88

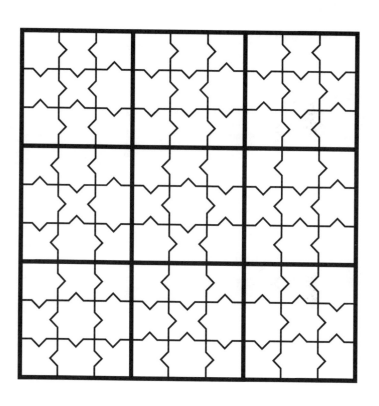

89

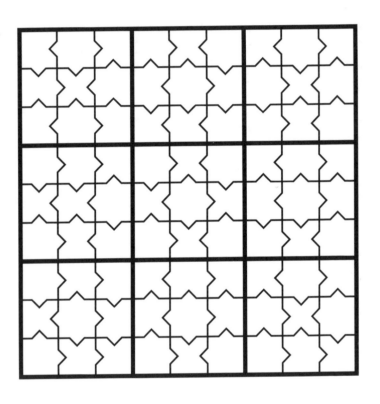

90

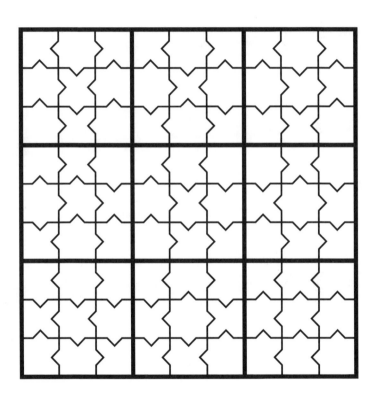

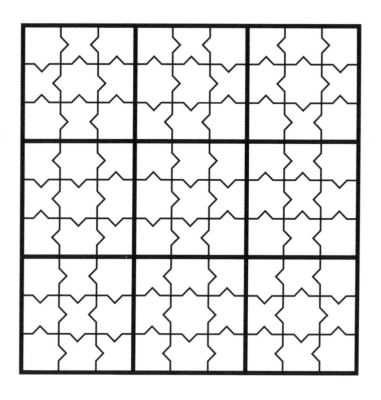

92

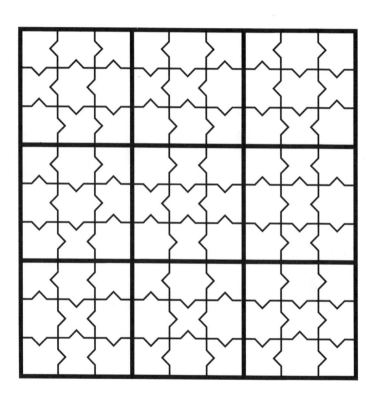

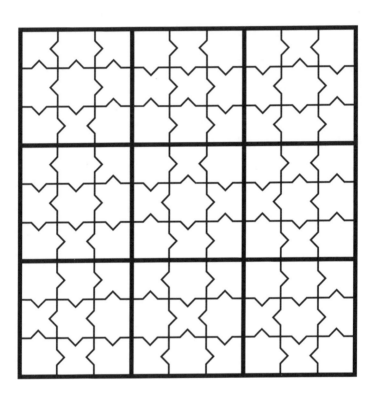

94

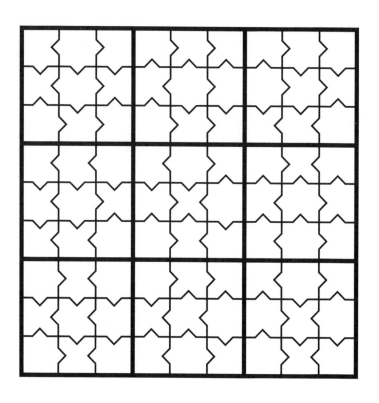

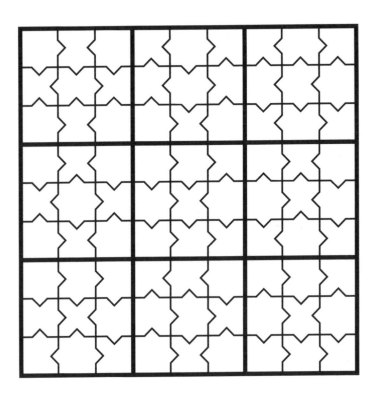

부등호 **스도쿠**

96

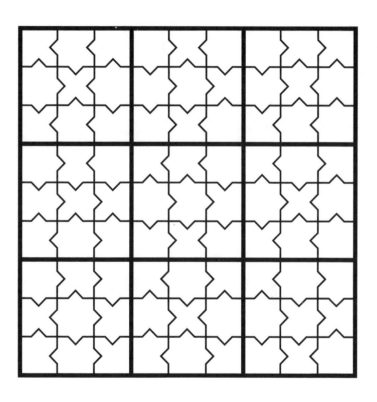

97

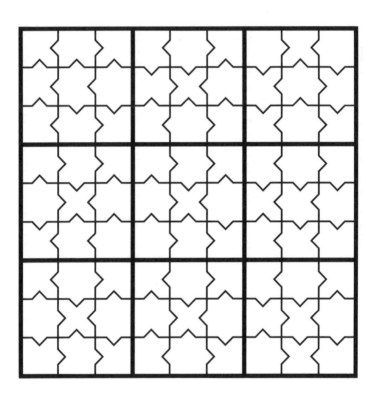

98

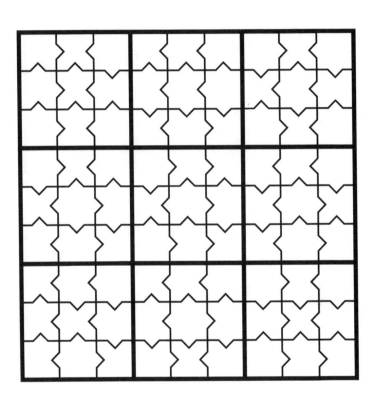

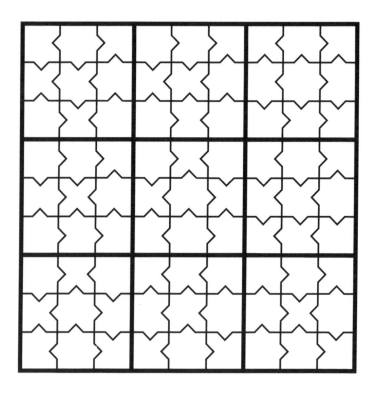

부등호 **스도쿠**

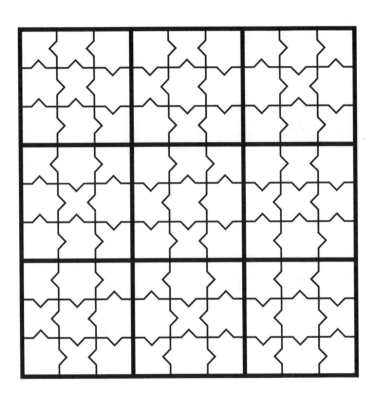

킬러 스도쿠

유형 소개

일반 스도쿠와 마찬가지로 1부터 9까지의 숫자를 각 가로줄과 세로줄에 중복 없이 한 번씩만 넣는다. 단, 칸에 적힌 숫자는 그 칸에 들어가는 숫자가 아니라 점선으로 묶인 칸의 숫자를 모두 더한 값이다. 예를 들어 두 칸으로 묶인 점선 박스에 6이라는 숫자가 적혀 있다면, 두 칸의 숫자를 더한 값이 6이라는 뜻이다.

101

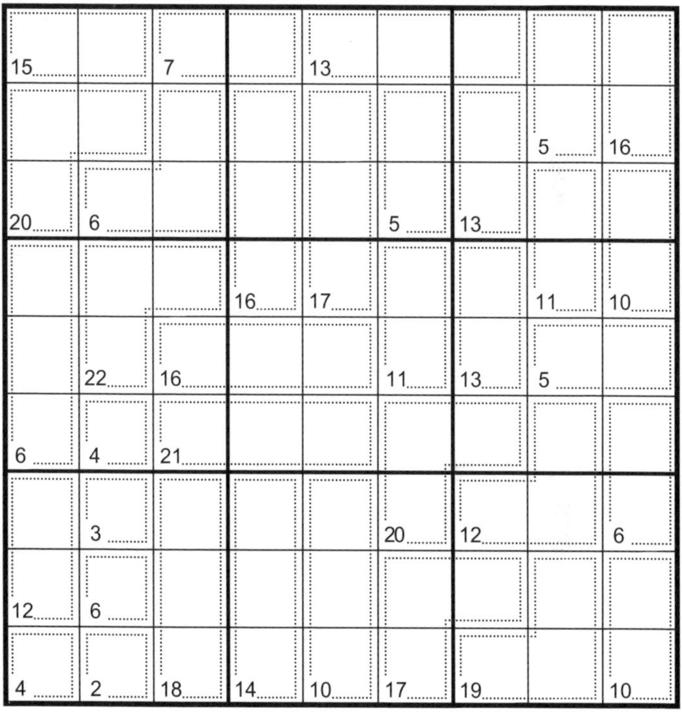
15 7 13
5 16
20 6 5 13
16 17 11 10
22 16 11 13 5
6 4 21
3 20 12 6
12 6
4 2 18 14 10 17 19 10

102

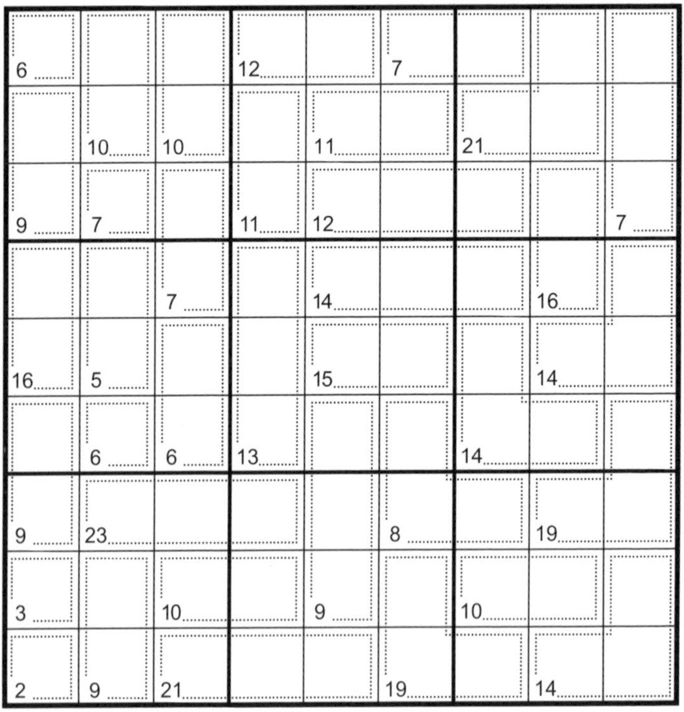
6 12 7
10 10 11 21
9 7 11 12 7
7 14 16
16 5 15 14
6 6 13 14
9 23 8 19
3 10 9 10
2 9 21 19 14

103

	17	9	2	5	19		17	
14	11					6		17
1		12		20	11		8	
	10				13			10
		17	3	6		21		
21	10			9	3		4	
		21	16			15	9	
7	18			15			8	

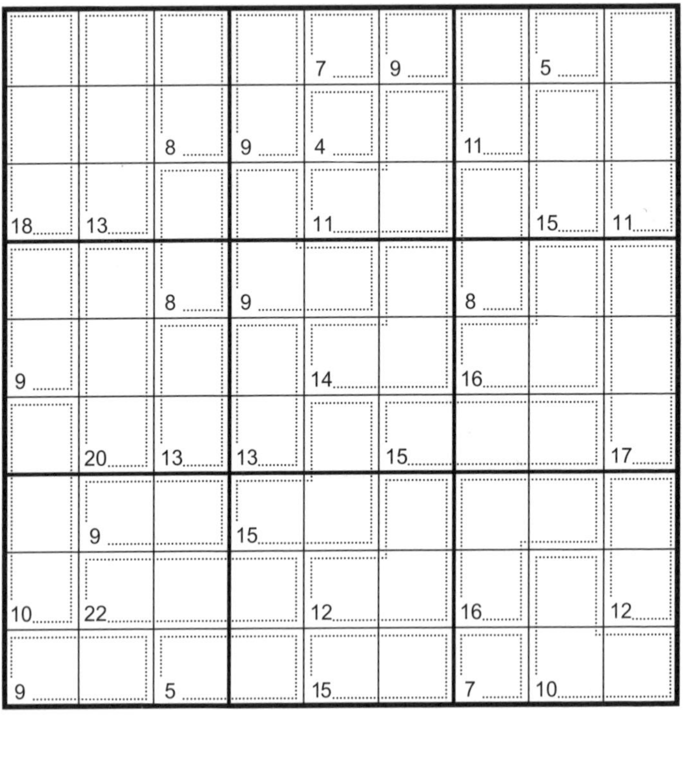

				7	9		5	
		8	9	4		11		
18	13			11			15	11
		8	9			8		
9				14		16		
	20	13	13		15			17
	9		15					
10	22			12		16		12
9		5		15		7	10	

105

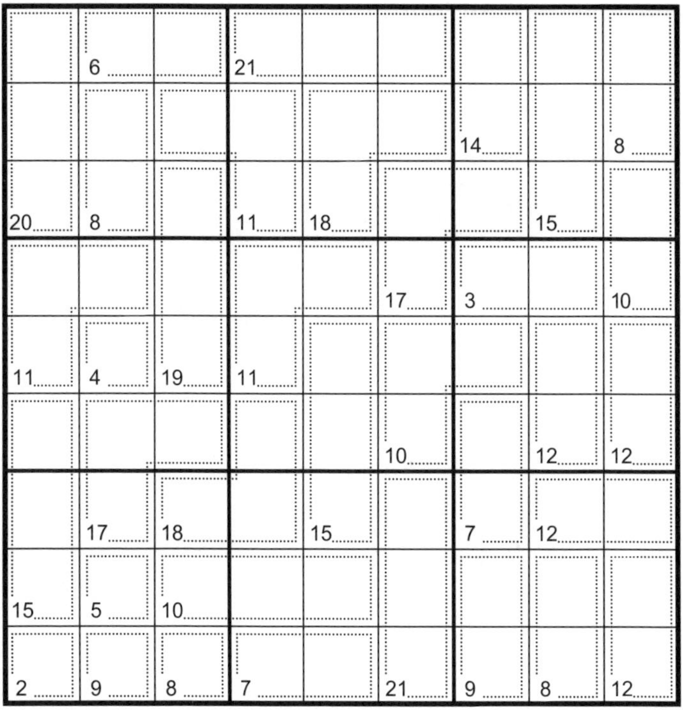
6 21
14 8
20 8 11 18 15
17 3 10
11 4 19 11
10 12 12
17 18 15 7 12
15 5 10
2 9 8 7 21 9 8 12

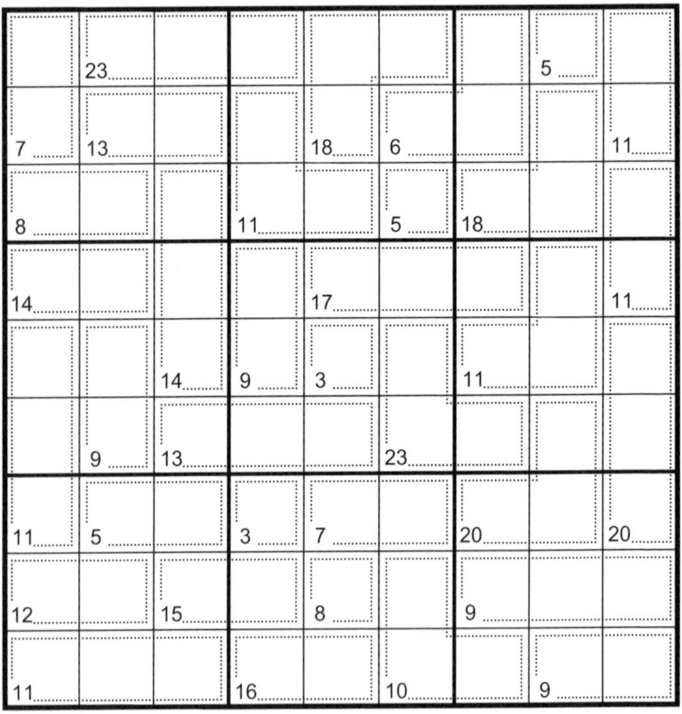
23 5
7 13 18 6 11
8 11 5 18
14 17 11
14 9 3 11
9 13 23
11 5 3 7 20 20
12 15 8 9
11 16 10 9

107

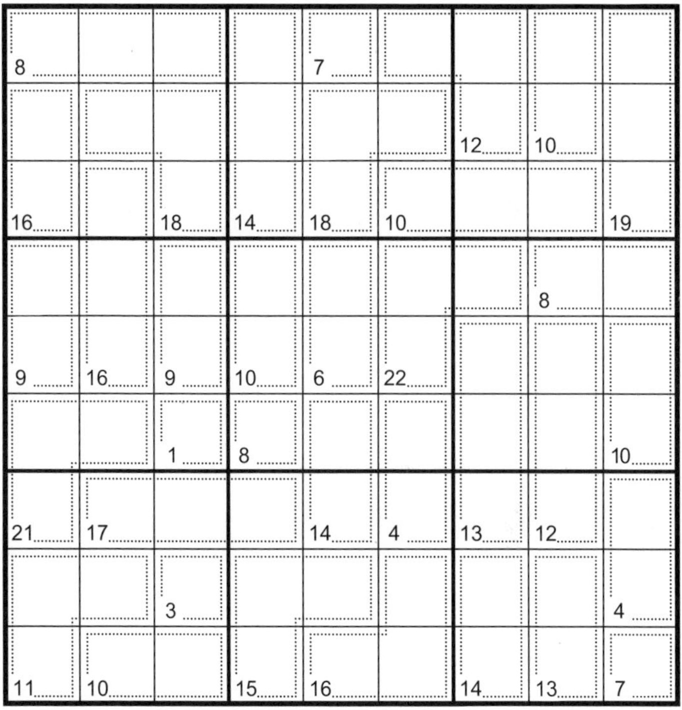
8 7
12 10
16 18 14 18 10 19
8
9 16 9 10 6 22
1 8 10
21 17 14 4 13 12
3 4
11 10 15 16 14 13 7

108

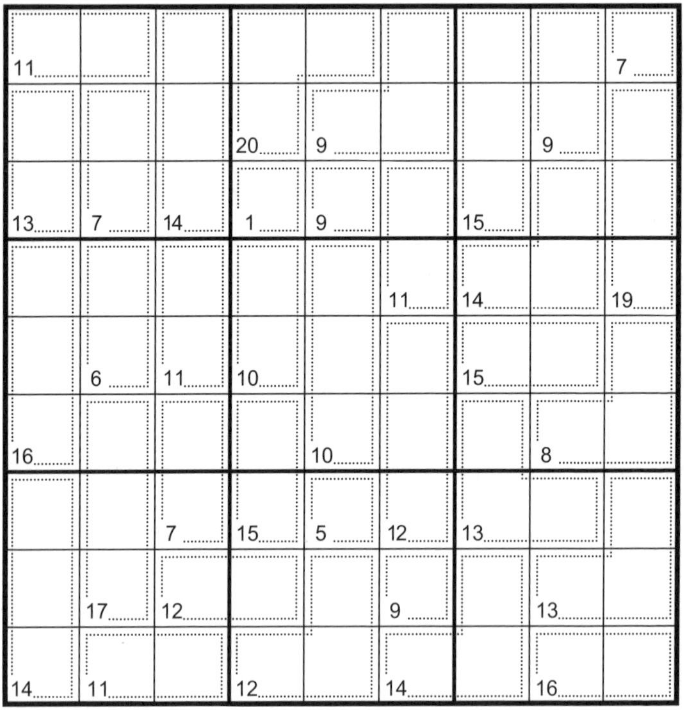
11
7
20
9
9
13
7
14
1
9
15
11
14
19
6
11
10
15
16
10
8
7
15
5
12
13
17
12
9
13
14
11
12
14
16

109

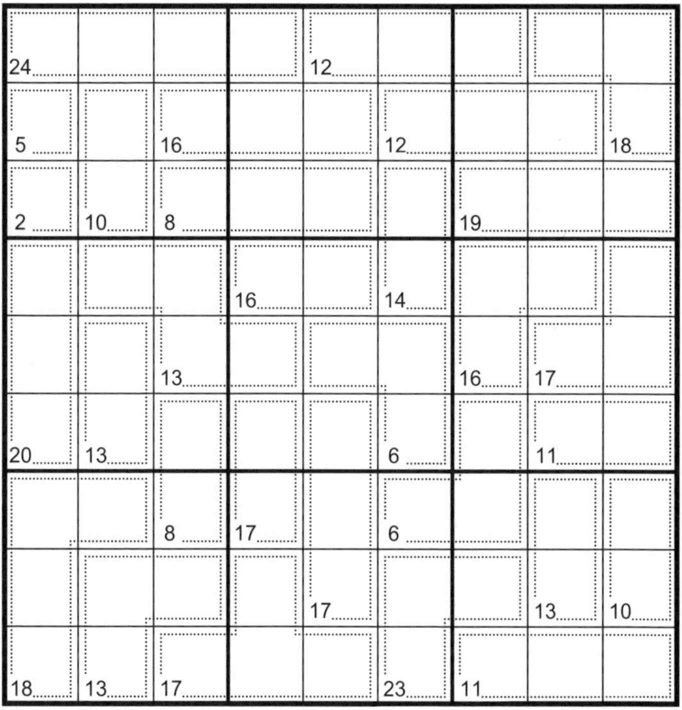

24 12
5 16 12 18
2 10 8 19
16 14
13 16 17
20 13 6 11
8 17 6
17 13 10
18 13 17 23 11

5		20			9			
			16		9			13
		25				15		
21		15		7				8
	20					13	7	
		10			23			
22						17	19	
7				17			17	
9	8	13	9	24		7		

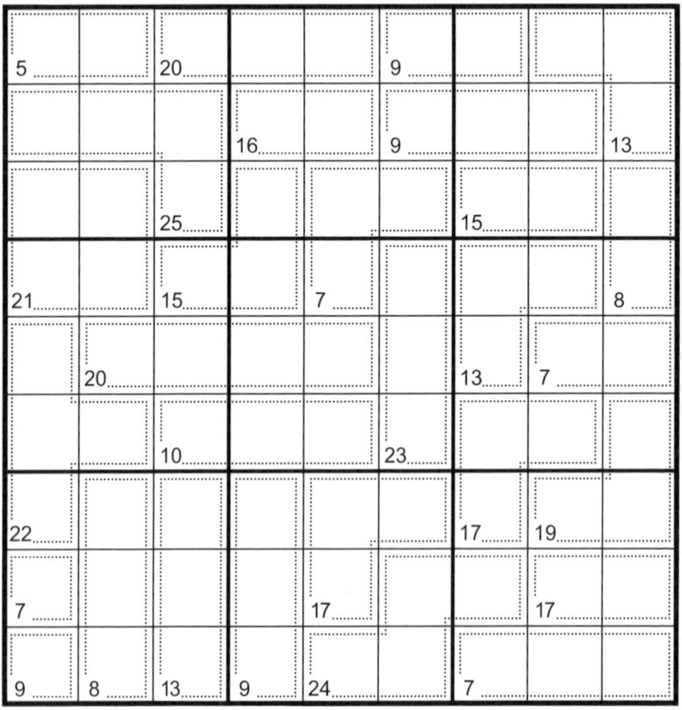

111

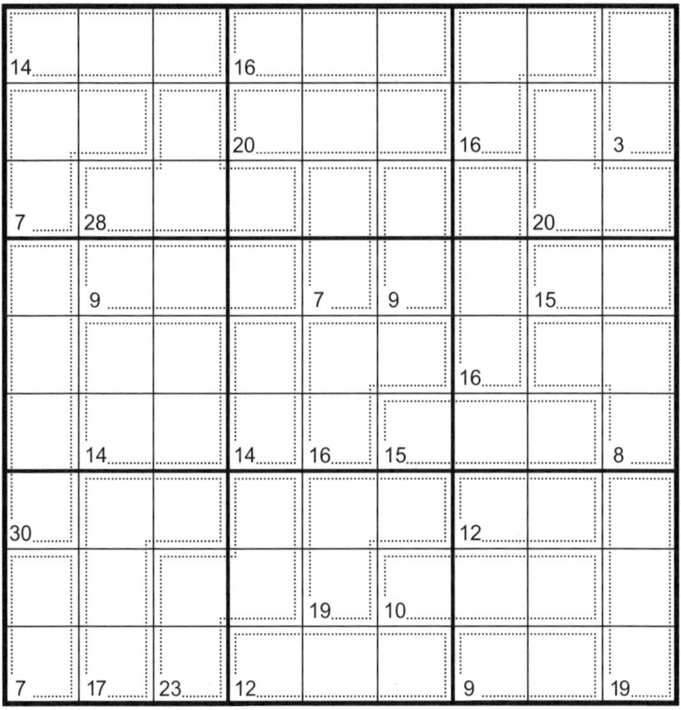

Killer Sudoku grid with cages:

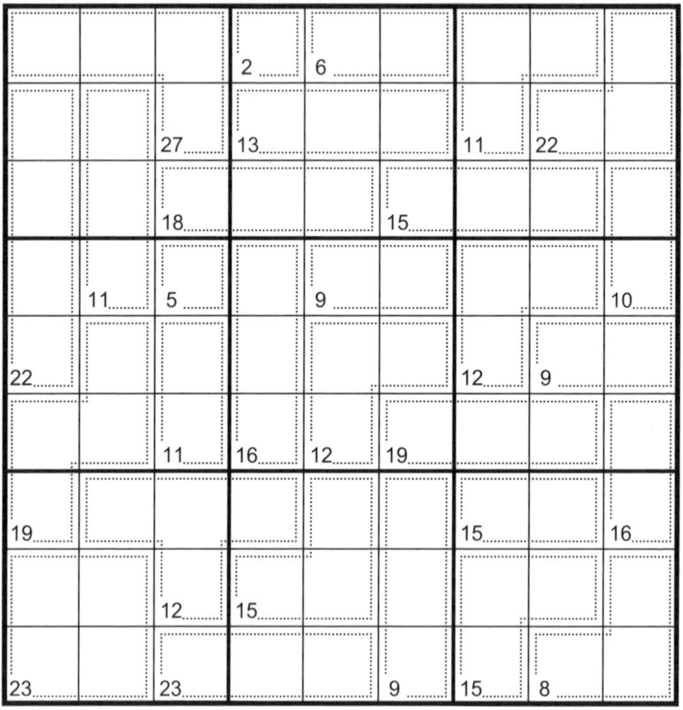

			2	6				
		27	13			11	22	
		18			15			
	11	5		9				10
22						12	9	
		11	16	12	19			
19						15		16
		12	15					
23		23			9	15	8	

정답

정답

1

5	3	2	4	8	9	1	6	7
9	6	1	7	3	2	8	4	5
7	8	4	5	6	1	9	3	2
8	5	7	6	1	3	2	9	4
6	1	9	2	7	4	5	8	3
2	4	3	9	5	8	7	1	6
3	9	5	1	4	7	6	2	8
4	2	6	8	9	5	3	7	1
1	7	8	3	2	6	4	5	9

2

2	9	7	6	8	1	3	4	5
8	1	5	3	4	9	7	2	6
4	6	3	2	7	5	9	8	1
1	7	2	8	9	3	5	6	4
6	8	4	5	1	7	2	9	3
5	3	9	4	6	2	8	1	7
3	5	1	9	2	4	6	7	8
7	2	8	1	5	6	4	3	9
9	4	6	7	3	8	1	5	2

정답

3

1	9	4	5	6	8	3	2	7
5	8	3	7	4	2	6	9	1
2	6	7	3	1	9	5	4	8
9	3	2	8	7	1	4	6	5
8	4	1	9	5	6	7	3	2
7	5	6	2	3	4	8	1	9
6	7	5	1	9	3	2	8	4
3	1	8	4	2	7	9	5	6
4	2	9	6	8	5	1	7	3

4

2	7	9	6	1	8	5	4	3
1	8	5	3	4	7	6	9	2
3	4	6	2	5	9	8	7	1
6	1	8	9	2	4	3	5	7
9	5	3	7	8	1	2	6	4
7	2	4	5	3	6	9	1	8
5	3	7	1	9	2	4	8	6
8	9	1	4	6	3	7	2	5
4	6	2	8	7	5	1	3	9

정답

5

7	8	2	1	9	5	3	4	6
3	1	9	8	4	6	5	2	7
4	5	6	3	2	7	1	9	8
6	9	8	7	5	1	2	3	4
5	2	3	4	8	9	6	7	1
1	7	4	2	6	3	8	5	9
2	6	7	9	3	8	4	1	5
8	4	1	5	7	2	9	6	3
9	3	5	6	1	4	7	8	2

6

2	1	5	4	7	8	6	9	3
4	3	9	6	5	2	7	1	8
6	8	7	3	9	1	4	2	5
8	2	3	7	4	5	9	6	1
1	5	4	9	2	6	3	8	7
7	9	6	8	1	3	5	4	2
9	4	8	2	3	7	1	5	6
5	7	2	1	6	4	8	3	9
3	6	1	5	8	9	2	7	4

정답

7

3	4	8	1	2	9	6	7	5
2	7	9	5	6	3	4	1	8
6	5	1	8	4	7	9	2	3
8	9	3	6	7	1	2	5	4
4	6	5	3	9	2	1	8	7
1	2	7	4	8	5	3	6	9
7	1	6	9	3	8	5	4	2
5	3	2	7	1	4	8	9	6
9	8	4	2	5	6	7	3	1

8

2	3	9	7	4	6	1	8	5
4	6	8	5	1	9	3	7	2
1	7	5	2	8	3	9	4	6
7	1	2	9	3	5	4	6	8
5	8	6	4	2	1	7	3	9
3	9	4	6	7	8	2	5	1
8	5	3	1	9	7	6	2	4
9	2	7	8	6	4	5	1	3
6	4	1	3	5	2	8	9	7

정답

9

8	3	7	5	6	1	9	4	2
9	2	6	8	4	7	1	3	5
5	1	4	3	2	9	8	7	6
7	6	3	2	1	5	4	9	8
1	8	9	6	7	4	5	2	3
4	5	2	9	8	3	6	1	7
3	7	5	4	9	8	2	6	1
6	4	8	1	3	2	7	5	9
2	9	1	7	5	6	3	8	4

10

6	8	3	7	5	1	4	2	9
9	4	1	2	3	8	5	6	7
7	2	5	4	9	6	3	8	1
3	6	4	9	8	2	1	7	5
2	7	8	5	1	4	6	9	3
5	1	9	6	7	3	2	4	8
4	9	7	3	6	5	8	1	2
1	3	6	8	2	9	7	5	4
8	5	2	1	4	7	9	3	6

정답

11

7	1	4	9	5	2	8	6	3
6	3	9	8	1	4	2	5	7
8	2	5	3	6	7	1	4	9
4	8	3	5	2	9	6	7	1
5	9	6	1	7	8	3	2	4
2	7	1	4	3	6	9	8	5
9	4	7	2	8	3	5	1	6
3	5	2	6	4	1	7	9	8
1	6	8	7	9	5	4	3	2

12

9	5	3	7	4	6	2	1	8
6	8	2	3	1	5	4	7	9
4	7	1	2	8	9	3	5	6
2	1	8	5	9	3	7	6	4
7	6	5	4	2	8	9	3	1
3	9	4	6	7	1	5	8	2
1	4	9	8	5	7	6	2	3
5	2	6	1	3	4	8	9	7
8	3	7	9	6	2	1	4	5

정답

13

6	3	9	1	5	2	7	4	8
7	8	4	6	9	3	2	1	5
2	5	1	7	4	8	3	6	9
5	4	7	9	3	1	8	2	6
1	9	3	2	8	6	5	7	4
8	2	6	5	7	4	1	9	3
9	1	5	3	6	7	4	8	2
3	7	8	4	2	9	6	5	1
4	6	2	8	1	5	9	3	7

14

5	9	6	7	1	4	2	3	8
7	1	3	8	2	5	6	4	9
4	8	2	6	9	3	7	1	5
6	5	8	9	7	1	4	2	3
1	7	4	3	8	2	9	5	6
3	2	9	5	4	6	1	8	7
9	4	5	2	6	8	3	7	1
2	3	7	1	5	9	8	6	4
8	6	1	4	3	7	5	9	2

정답

15

3	9	4	2	5	7	6	8	1
8	5	1	4	3	6	2	7	9
6	7	2	8	9	1	3	4	5
5	2	6	1	8	9	7	3	4
9	1	8	7	4	3	5	6	2
7	4	3	6	2	5	1	9	8
1	3	9	5	6	4	8	2	7
4	8	7	3	1	2	9	5	6
2	6	5	9	7	8	4	1	3

16

8	6	5	9	2	4	1	3	7
9	2	3	6	1	7	8	4	5
7	1	4	5	3	8	9	6	2
6	8	7	3	5	9	2	1	4
5	4	1	8	7	2	6	9	3
3	9	2	1	4	6	5	7	8
1	5	6	7	8	3	4	2	9
4	7	8	2	9	1	3	5	6
2	3	9	4	6	5	7	8	1

정답

17

7	3	1	2	9	4	5	8	6
6	9	5	3	1	8	4	7	2
4	8	2	5	6	7	9	3	1
3	4	6	8	2	9	1	5	7
5	7	9	1	4	6	3	2	8
2	1	8	7	5	3	6	4	9
9	6	7	4	8	5	2	1	3
8	2	4	6	3	1	7	9	5
1	5	3	9	7	2	8	6	4

18

1	3	6	9	7	4	8	5	2
9	8	4	2	1	5	3	7	6
7	2	5	8	6	3	4	9	1
5	6	3	4	2	8	7	1	9
8	1	9	6	5	7	2	3	4
2	4	7	1	3	9	6	8	5
3	9	1	7	4	6	5	2	8
4	7	2	5	8	1	9	6	3
6	5	8	3	9	2	1	4	7

정답

19

2	5	4	1	9	6	3	8	7
8	6	9	3	7	2	1	5	4
7	1	3	8	5	4	9	2	6
4	7	8	6	1	5	2	9	3
3	9	5	2	4	7	8	6	1
6	2	1	9	3	8	4	7	5
1	8	2	7	6	3	5	4	9
5	3	6	4	2	9	7	1	8
9	4	7	5	8	1	6	3	2

20

7	1	4	9	5	2	8	6	3
6	3	9	8	1	4	2	5	7
8	2	5	3	6	7	1	4	9
4	8	3	5	2	9	6	7	1
5	9	6	1	7	8	3	2	4
2	7	1	4	3	6	9	8	5
9	4	7	2	8	3	5	1	6
3	5	2	6	4	1	7	9	8
1	6	8	7	9	5	4	3	2

정답

21

5	9	6	7	1	4	2	3	8
7	1	3	8	2	5	6	4	9
4	8	2	6	9	3	7	1	5
6	5	8	9	7	1	4	2	3
1	7	4	3	8	2	9	5	6
3	2	9	5	4	6	1	8	7
9	4	5	2	6	8	3	7	1
2	3	7	1	5	9	8	6	4
8	6	1	4	3	7	5	9	2

22

3	9	7	1	8	2	4	5	6
6	1	4	3	9	5	8	7	2
8	5	2	6	7	4	1	3	9
2	7	8	5	1	6	3	9	4
5	6	3	2	4	9	7	8	1
1	4	9	7	3	8	6	2	5
9	8	6	4	2	3	5	1	7
7	2	5	8	6	1	9	4	3
4	3	1	9	5	7	2	6	8

정답

23

5	1	8	4	9	7	2	3	6
2	3	9	6	1	5	7	4	8
7	4	6	3	8	2	9	1	5
3	9	5	7	2	6	4	8	1
1	2	7	8	5	4	3	6	9
8	6	4	9	3	1	5	2	7
4	8	3	1	7	9	6	5	2
6	7	2	5	4	8	1	9	3
9	5	1	2	6	3	8	7	4

24

4	3	6	8	7	1	2	5	9
5	9	7	3	4	2	6	8	1
1	8	2	9	6	5	3	4	7
6	5	3	2	9	7	4	1	8
8	4	9	5	1	3	7	2	6
2	7	1	4	8	6	5	9	3
9	2	8	7	3	4	1	6	5
7	1	4	6	5	8	9	3	2
3	6	5	1	2	9	8	7	4

정답

25

6	2	1	8	5	7	9	4	3
8	4	3	9	1	2	5	6	7
9	5	7	6	3	4	8	1	2
1	6	8	2	7	3	4	5	9
4	3	5	1	6	9	2	7	8
2	7	9	5	4	8	1	3	6
5	9	6	3	8	1	7	2	4
7	1	2	4	9	6	3	8	5
3	8	4	7	2	5	6	9	1

26

6	4	9	5	2	3	1	7	8
3	7	1	6	8	4	5	2	9
5	2	8	1	9	7	6	3	4
7	3	2	8	1	5	9	4	6
4	8	6	2	7	9	3	5	1
1	9	5	3	4	6	7	8	2
8	6	3	4	5	1	2	9	7
2	5	7	9	6	8	4	1	3
9	1	4	7	3	2	8	6	5

정답

27

4	7	6	1	2	5	9	8	3
5	8	9	4	7	3	6	2	1
1	3	2	8	9	6	7	4	5
8	5	7	3	6	1	2	9	4
9	1	4	5	8	2	3	7	6
6	2	3	9	4	7	5	1	8
2	6	1	7	3	8	4	5	9
3	4	8	2	5	9	1	6	7
7	9	5	6	1	4	8	3	2

28

3	8	5	2	1	6	7	4	9
1	4	6	3	7	9	2	8	5
2	7	9	4	8	5	3	1	6
8	3	1	7	6	2	5	9	4
4	6	2	9	5	3	1	7	8
9	5	7	8	4	1	6	2	3
7	1	3	5	9	4	8	6	2
6	2	4	1	3	8	9	5	7
5	9	8	6	2	7	4	3	1

정답

29

2	7	3	9	4	5	8	1	6
8	6	4	1	3	7	5	9	2
1	5	9	2	8	6	7	3	4
6	2	5	3	1	9	4	8	7
3	1	8	7	2	4	6	5	9
9	4	7	6	5	8	3	2	1
5	8	2	4	7	1	9	6	3
7	3	6	5	9	2	1	4	8
4	9	1	8	6	3	2	7	5

30

8	7	4	6	5	9	2	3	1
5	3	2	1	8	7	9	6	4
6	1	9	4	2	3	5	8	7
3	5	7	2	1	6	8	4	9
9	2	1	3	4	8	7	5	6
4	6	8	7	9	5	3	1	2
2	4	3	5	7	1	6	9	8
7	9	6	8	3	4	1	2	5
1	8	5	9	6	2	4	7	3

정답

31

2	7	6	3	5	9	4	8	1
9	5	1	2	4	8	6	7	3
8	3	4	1	7	6	9	2	5
1	9	2	7	6	4	3	5	8
7	8	5	9	3	2	1	4	6
4	6	3	5	8	1	2	9	7
6	2	9	8	1	5	7	3	4
5	4	7	6	9	3	8	1	2
3	1	8	4	2	7	5	6	9

32

6	3	5	4	1	8	7	9	2
1	8	9	2	5	7	3	4	6
4	2	7	3	9	6	5	8	1
9	6	8	7	2	1	4	3	5
2	5	4	8	6	3	9	1	7
7	1	3	9	4	5	6	2	8
8	7	2	6	3	4	1	5	9
5	4	6	1	8	9	2	7	3
3	9	1	5	7	2	8	6	4

정답

33

3	9	7	5	1	4	2	8	6
4	1	2	8	6	9	7	5	3
5	8	6	7	3	2	9	1	4
1	6	4	2	7	8	5	3	9
9	3	5	6	4	1	8	7	2
7	2	8	3	9	5	4	6	1
2	5	1	4	8	6	3	9	7
8	7	9	1	2	3	6	4	5
6	4	3	9	5	7	1	2	8

34

8	7	4	6	5	2	9	1	3
5	9	3	1	7	8	2	4	6
6	2	1	4	9	3	7	8	5
9	3	8	2	4	1	5	6	7
7	1	6	8	3	5	4	2	9
2	4	5	9	6	7	8	3	1
1	6	7	5	8	4	3	9	2
3	8	9	7	2	6	1	5	4
4	5	2	3	1	9	6	7	8

정답

35

1	3	4	2	7	9	8	5	6
9	8	6	4	1	5	3	7	2
7	2	5	8	6	3	4	9	1
5	4	3	9	2	7	6	1	8
2	1	9	6	5	8	7	3	4
8	6	7	1	3	4	5	2	9
3	9	1	7	4	6	2	8	5
4	7	2	5	8	1	9	6	3
6	5	8	3	9	2	1	4	7

36

6	4	9	5	2	3	1	7	8
3	7	1	6	8	4	5	2	9
5	2	8	1	9	7	6	3	4
7	3	2	8	1	5	9	4	6
4	8	6	2	7	9	3	5	1
1	9	5	3	4	6	7	8	2
8	6	3	4	5	1	2	9	7
2	5	7	9	6	8	4	1	3
9	1	4	7	3	2	8	6	5

정답

37

6	3	2	4	9	5	7	1	8
8	7	4	3	2	1	5	6	9
9	5	1	7	6	8	2	3	4
7	2	3	9	5	6	8	4	1
4	8	6	1	3	2	9	7	5
5	1	9	8	4	7	6	2	3
2	6	8	5	1	3	4	9	7
3	9	7	6	8	4	1	5	2
1	4	5	2	7	9	3	8	6

38

6	7	4	8	3	9	2	5	1
2	5	1	6	7	4	8	3	9
9	3	8	5	2	1	4	6	7
8	9	3	1	4	6	7	2	5
1	2	7	3	9	5	6	8	4
4	6	5	7	8	2	1	9	3
5	4	9	2	6	7	3	1	8
3	1	2	4	5	8	9	7	6
7	8	6	9	1	3	5	4	2

39

7	1	4	9	5	2	8	6	3
6	3	9	8	1	4	2	5	7
8	2	5	3	6	7	1	4	9
4	8	3	5	2	9	6	7	1
5	9	6	1	7	8	3	2	4
2	7	1	4	3	6	9	8	5
9	4	7	2	8	3	5	1	6
3	5	2	6	4	1	7	9	8
1	6	8	7	9	5	4	3	2

40

3	8	5	2	1	6	7	4	9
1	4	6	3	7	9	2	8	5
2	7	9	4	8	5	3	1	6
8	3	1	7	6	2	5	9	4
4	6	2	9	5	3	1	7	8
9	5	7	8	4	1	6	2	3
7	1	3	5	9	4	8	6	2
6	2	4	1	3	8	9	5	7
5	9	8	6	2	7	4	3	1

정답

41

2	5	6	9	1	3	8	7	4
1	8	7	2	4	6	3	9	5
9	3	4	7	5	8	1	6	2
4	1	3	5	8	9	6	2	7
7	2	8	4	6	1	9	5	3
5	6	9	3	2	7	4	1	8
6	9	5	8	3	2	7	4	1
3	7	2	1	9	4	5	8	6
8	4	1	6	7	5	2	3	9

42

3	7	8	2	4	1	6	5	9
2	5	4	9	8	6	7	1	3
6	1	9	5	3	7	4	2	8
1	9	3	6	7	2	5	8	4
5	4	7	8	9	3	2	6	1
8	2	6	4	1	5	9	3	7
9	6	1	7	2	8	3	4	5
7	3	2	1	5	4	8	9	6
4	8	5	3	6	9	1	7	2

정답

43

2	1	6	5	3	8	4	9	7
4	3	9	6	7	1	5	8	2
7	5	8	9	4	2	3	6	1
6	7	3	1	5	9	8	2	4
8	4	5	3	2	6	1	7	9
9	2	1	4	8	7	6	5	3
5	8	2	7	1	3	9	4	6
1	9	4	2	6	5	7	3	8
3	6	7	8	9	4	2	1	5

44

7	1	6	3	4	2	9	5	8
9	5	4	8	7	6	3	1	2
3	2	8	1	5	9	7	6	4
2	4	9	7	1	8	6	3	5
6	7	5	2	3	4	8	9	1
8	3	1	6	9	5	2	4	7
5	6	7	9	8	1	4	2	3
4	9	3	5	2	7	1	8	6
1	8	2	4	6	3	5	7	9

정답

45

4	3	6	7	5	8	1	2	9
5	9	2	3	6	1	8	7	4
7	8	1	9	2	4	6	3	5
6	1	9	4	7	2	5	8	3
2	5	8	1	9	3	4	6	7
3	7	4	5	8	6	9	1	2
8	4	7	6	3	9	2	5	1
1	2	5	8	4	7	3	9	6
9	6	3	2	1	5	7	4	8

46

5	3	6	4	7	1	8	2	9
8	4	2	3	9	6	1	7	5
9	7	1	2	5	8	3	6	4
7	6	5	1	3	9	4	8	2
1	2	3	8	4	7	5	9	6
4	8	9	6	2	5	7	3	1
6	9	7	5	1	3	2	4	8
2	1	8	7	6	4	9	5	3
3	5	4	9	8	2	6	1	7

정답

47

6	1	8	2	9	5	3	7	4
4	7	3	6	1	8	9	5	2
2	9	5	3	7	4	8	1	6
5	8	9	4	6	3	7	2	1
1	6	4	8	2	7	5	3	9
3	2	7	9	5	1	6	4	8
8	5	2	7	4	6	1	9	3
9	3	1	5	8	2	4	6	7
7	4	6	1	3	9	2	8	5

48

1	5	2	4	3	6	9	8	7
6	7	9	8	2	5	3	4	1
8	3	4	9	1	7	6	5	2
4	9	7	3	6	8	2	1	5
2	1	6	5	9	4	7	3	8
5	8	3	2	7	1	4	6	9
7	4	8	6	5	2	1	9	3
3	6	1	7	8	9	5	2	4
9	2	5	1	4	3	8	7	6

정답

49

3	5	6	8	7	9	4	2	1
1	8	4	5	2	3	9	7	6
2	9	7	6	4	1	5	3	8
7	1	2	9	5	6	3	8	4
5	6	8	3	1	4	2	9	7
4	3	9	7	8	2	1	6	5
9	7	3	1	6	5	8	4	2
8	2	1	4	3	7	6	5	9
6	4	5	2	9	8	7	1	3

50

9	7	5	2	3	1	4	6	8
2	6	1	8	5	4	3	7	9
4	8	3	6	7	9	2	5	1
6	1	8	4	9	5	7	3	2
3	4	2	7	8	6	1	9	5
7	5	9	3	1	2	6	8	4
1	3	7	5	4	8	9	2	6
5	9	6	1	2	7	8	4	3
8	2	4	9	6	3	5	1	7

정답

51

5	4	9	8	3	2	6	1	7
3	6	1	4	7	9	2	5	8
7	2	8	6	1	5	3	9	4
6	3	5	1	2	7	8	4	9
8	9	7	5	6	4	1	2	3
4	1	2	9	8	3	5	7	6
9	5	3	2	4	8	7	6	1
2	8	6	7	9	1	4	3	5
1	7	4	3	5	6	9	8	2

52

2	4	3	9	8	7	1	6	5
8	1	7	5	6	3	9	4	2
6	5	9	4	1	2	8	3	7
4	3	5	2	7	9	6	1	8
1	2	8	6	3	5	7	9	4
7	9	6	1	4	8	5	2	3
5	6	4	8	2	1	3	7	9
9	7	1	3	5	4	2	8	6
3	8	2	7	9	6	4	5	1

정답

53

6	9	3	7	1	8	4	2	5
5	7	4	6	2	3	9	8	1
8	1	2	9	5	4	3	6	7
3	6	9	8	7	1	2	5	4
4	2	8	3	6	5	1	7	9
1	5	7	2	4	9	8	3	6
9	3	5	1	8	7	6	4	2
2	4	1	5	3	6	7	9	8
7	8	6	4	9	2	5	1	3

54

6	2	1	3	8	5	4	7	9
9	8	4	2	1	7	6	5	3
5	7	3	6	9	4	2	8	1
2	5	8	7	4	9	1	3	6
3	1	6	5	2	8	9	4	7
7	4	9	1	6	3	5	2	8
8	9	5	4	7	1	3	6	2
1	3	2	8	5	6	7	9	4
4	6	7	9	3	2	8	1	5

정답

55

7	3	1	2	9	4	5	8	6
6	9	5	3	1	8	4	7	2
4	8	2	5	6	7	9	3	1
3	4	6	8	2	9	1	5	7
5	7	9	1	4	6	3	2	8
2	1	8	7	5	3	6	4	9
9	6	7	4	8	5	2	1	3
8	2	4	6	3	1	7	9	5
1	5	3	9	7	2	8	6	4

56

7	6	4	9	3	2	1	8	5
8	5	1	4	7	6	2	3	9
3	2	9	8	5	1	7	6	4
6	7	5	1	9	3	4	2	8
9	1	2	6	8	4	3	5	7
4	8	3	7	2	5	9	1	6
1	9	7	2	6	8	5	4	3
5	4	6	3	1	7	8	9	2
2	3	8	5	4	9	6	7	1

정답

57

8	4	7	2	6	9	5	3	1
2	3	9	5	4	1	8	6	7
1	6	5	8	3	7	9	4	2
5	9	1	6	2	3	7	8	4
3	2	8	7	1	4	6	5	9
4	7	6	9	8	5	1	2	3
9	5	4	3	7	6	2	1	8
6	1	2	4	9	8	3	7	5
7	8	3	1	5	2	4	9	6

58

7	8	6	5	4	9	1	3	2
1	4	2	3	6	7	8	9	5
3	5	9	1	8	2	4	6	7
8	7	5	4	1	3	6	2	9
6	3	1	2	9	5	7	4	8
9	2	4	8	7	6	5	1	3
2	9	8	6	5	1	3	7	4
4	1	3	7	2	8	9	5	6
5	6	7	9	3	4	2	8	1

정답

59

4	6	8	3	7	9	1	2	5
7	1	2	8	4	5	6	9	3
9	3	5	1	6	2	8	4	7
8	9	7	2	1	6	5	3	4
1	2	4	7	5	3	9	6	8
6	5	3	9	8	4	7	1	2
2	7	9	6	3	8	4	5	1
3	4	1	5	9	7	2	8	6
5	8	6	4	2	1	3	7	9

60

4	2	6	7	5	9	1	8	3
5	3	1	8	6	2	4	7	9
7	9	8	3	4	1	2	5	6
1	8	9	4	3	7	6	2	5
2	5	4	9	1	6	8	3	7
6	7	3	5	2	8	9	4	1
3	6	5	1	8	4	7	9	2
9	4	2	6	7	5	3	1	8
8	1	7	2	9	3	5	6	4

정답

61

7	8	6	9	2	5	1	4	3
1	3	4	6	8	7	5	9	2
9	5	2	4	1	3	8	7	6
5	6	1	8	4	9	3	2	7
4	9	8	3	7	2	6	5	1
2	7	3	1	5	6	9	8	4
8	1	7	5	6	4	2	3	9
6	4	9	2	3	8	7	1	5
3	2	5	7	9	1	4	6	8

62

7	6	4	3	1	2	8	9	5
5	9	1	4	7	8	6	2	3
2	3	8	5	9	6	4	7	1
1	7	3	2	6	4	5	8	9
9	5	6	8	3	7	1	4	2
8	4	2	9	5	1	7	3	6
6	2	7	1	8	9	3	5	4
3	8	9	6	4	5	2	1	7
4	1	5	7	2	3	9	6	8

정답

63

7	9	4	3	2	8	5	1	6
5	6	8	4	9	1	3	2	7
1	3	2	7	5	6	8	4	9
4	8	9	2	6	3	7	5	1
2	1	7	5	4	9	6	3	8
3	5	6	1	8	7	2	9	4
8	2	5	6	1	4	9	7	3
9	4	3	8	7	2	1	6	5
6	7	1	9	3	5	4	8	2

64

3	9	1	8	5	2	4	6	7
6	4	2	7	1	9	3	5	8
7	8	5	6	4	3	2	9	1
4	7	3	5	9	1	6	8	2
5	2	6	4	8	7	9	1	3
9	1	8	3	2	6	7	4	5
1	6	9	2	7	5	8	3	4
8	3	7	1	6	4	5	2	9
2	5	4	9	3	8	1	7	6

정답

65

7	3	1	2	9	4	5	8	6
6	9	5	3	1	8	4	7	2
4	8	2	5	6	7	9	3	1
3	4	6	8	2	9	1	5	7
5	7	9	1	4	6	3	2	8
2	1	8	7	5	3	6	4	9
9	6	7	4	8	5	2	1	3
8	2	4	6	3	1	7	9	5
1	5	3	9	7	2	8	6	4

66

7	5	6	1	3	4	9	8	2
3	8	9	2	7	5	1	6	4
4	1	2	9	6	8	7	3	5
6	9	8	4	5	7	2	1	3
2	4	1	3	9	6	5	7	8
5	3	7	8	1	2	4	9	6
9	6	4	7	2	3	8	5	1
1	2	5	6	8	9	3	4	7
8	7	3	5	4	1	6	2	9

67

7	6	2	1	8	5	9	4	3
3	4	9	7	6	2	5	1	8
8	5	1	4	9	3	7	2	6
1	2	6	5	7	9	8	3	4
5	7	3	8	1	4	2	6	9
4	9	8	2	3	6	1	5	7
6	1	5	9	4	8	3	7	2
9	3	7	6	2	1	4	8	5
2	8	4	3	5	7	6	9	1

68

1	8	3	2	5	6	7	4	9
4	9	6	3	7	1	2	8	5
2	7	5	4	8	9	3	1	6
8	3	1	7	6	2	5	9	4
5	4	2	1	9	3	6	7	8
9	6	7	8	4	5	1	2	3
7	1	9	5	3	4	8	6	2
3	2	4	6	1	8	9	5	7
6	5	8	9	2	7	4	3	1

정답

69

2	9	1	8	4	3	7	5	6
7	5	4	1	9	6	8	2	3
6	3	8	5	2	7	9	1	4
8	1	5	6	7	9	4	3	2
4	7	3	2	8	1	5	6	9
9	2	6	3	5	4	1	7	8
3	6	9	4	1	5	2	8	7
1	4	2	7	3	8	6	9	5
5	8	7	9	6	2	3	4	1

70

5	7	9	3	2	1	6	4	8
6	8	2	4	5	9	1	7	3
4	1	3	7	8	6	9	2	5
3	4	5	1	7	8	2	6	9
8	2	7	6	9	5	3	1	4
1	9	6	2	3	4	5	8	7
7	3	8	9	1	2	4	5	6
9	6	1	5	4	7	8	3	2
2	5	4	8	6	3	7	9	1

정답

71

5	1	4	3	8	7	6	2	9
9	2	8	4	5	6	3	1	7
3	7	6	2	1	9	5	4	8
1	6	7	5	2	8	4	9	3
2	3	9	6	7	4	8	5	1
4	8	5	1	9	3	2	7	6
6	4	2	9	3	1	7	8	5
8	5	1	7	6	2	9	3	4
7	9	3	8	4	5	1	6	2

72

9	1	5	4	3	2	7	8	6
6	7	4	8	9	1	5	3	2
8	3	2	6	5	7	9	4	1
4	8	6	2	1	9	3	7	5
3	9	1	7	4	5	6	2	8
2	5	7	3	6	8	4	1	9
7	6	8	5	2	4	1	9	3
5	4	9	1	8	3	2	6	7
1	2	3	9	7	6	8	5	4

정답

73

7	3	1	2	9	4	5	8	6
6	9	5	3	1	8	4	7	2
4	8	2	5	6	7	9	3	1
3	4	6	8	2	9	1	5	7
5	7	9	1	4	6	3	2	8
2	1	8	7	5	3	6	4	9
9	6	7	4	8	5	2	1	3
8	2	4	6	3	1	7	9	5
1	5	3	9	7	2	8	6	4

74

6	7	8	5	2	1	3	9	4
3	5	4	6	7	9	8	1	2
2	1	9	4	8	3	5	7	6
1	4	3	7	6	5	2	8	9
8	6	2	1	9	4	7	5	3
7	9	5	2	3	8	6	4	1
9	8	7	3	4	2	1	6	5
4	3	1	8	5	6	9	2	7
5	2	6	9	1	7	4	3	8

정답

75

5	6	3	9	8	2	1	4	7
7	1	4	5	3	6	8	9	2
9	2	8	1	4	7	3	5	6
3	9	2	6	7	8	4	1	5
4	8	7	2	1	5	6	3	9
6	5	1	3	9	4	7	2	8
8	3	9	7	2	1	5	6	4
1	7	6	4	5	9	2	8	3
2	4	5	8	6	3	9	7	1

76

2	9	5	3	1	7	4	6	8
4	2	7	6	3	8	5	9	1
1	7	8	9	4	6	2	3	5
3	1	6	5	8	2	7	4	9
8	5	2	7	6	3	9	1	4
6	8	4	1	9	5	3	2	7
5	3	9	2	7	4	1	8	6
9	4	3	8	5	1	6	7	2
7	6	1	4	2	9	8	5	3

정답

77

1	3	7	6	2	9	4	5	8
2	4	5	9	8	3	7	1	6
4	7	6	3	5	8	2	9	1
5	6	2	1	9	4	8	7	3
6	2	8	4	7	1	5	3	9
7	9	3	8	1	5	6	4	2
8	1	9	7	4	6	3	2	5
9	8	4	5	3	2	1	6	7
3	5	1	2	6	7	9	8	4

78

6	5	1	5	4	3	9	2	8
3	8	6	5	2	1	7	9	4
2	7	8	1	5	9	4	6	3
7	9	5	4	1	6	8	3	2
5	4	9	8	3	2	6	7	1
4	1	3	2	9	7	5	8	6
1	3	7	9	6	8	2	4	5
9	2	4	6	8	5	3	1	7
8	6	2	3	7	4	1	5	9

정답

79

3	2	8	9	6	5	7	4	1
1	7	6	4	5	8	3	9	2
4	6	5	8	1	7	9	2	3
5	8	9	7	3	1	2	6	4
8	4	1	3	2	6	5	7	9
2	5	3	6	9	4	1	8	7
6	9	7	1	8	2	4	3	5
7	3	2	5	4	9	6	1	8
9	1	4	2	7	3	8	5	6

80

6	4	9	2	3	8	5	7	1
3	6	1	5	2	7	9	4	8
8	7	3	1	5	9	6	2	4
7	5	6	4	1	3	8	9	2
9	8	2	3	6	1	4	5	7
4	2	5	8	7	6	3	1	9
1	9	7	6	8	4	2	3	5
5	3	4	7	9	2	1	8	6
2	1	8	9	4	5	7	6	3

정답

81)

6	8	4	3	7	5	1	2	9
9	1	3	8	5	2	4	6	7
7	9	2	4	6	1	3	8	5
5	6	7	2	4	9	8	1	3
2	4	5	1	3	8	7	9	6
8	5	9	7	1	6	2	3	4
1	3	8	6	9	4	5	7	2
3	2	6	5	8	7	9	4	1
4	7	1	9	2	3	6	5	8

82)

3	5	6	9	4	7	8	2	1
2	8	9	4	7	5	1	3	6
8	1	2	5	6	3	4	7	9
1	9	5	8	2	6	7	4	3
6	4	3	7	5	2	9	1	8
4	7	8	6	1	9	3	5	2
7	3	4	1	9	8	2	6	5
9	6	7	2	3	1	5	8	4
5	2	1	3	8	4	6	9	7

정답

83

7	1	9	2	4	5	6	3	8
5	6	3	8	2	1	4	9	7
3	4	6	7	5	2	1	8	9
6	8	2	1	9	4	5	7	3
2	3	7	4	1	9	8	5	6
1	5	4	9	8	3	7	6	2
4	2	8	3	7	6	9	1	5
8	9	1	5	6	7	3	2	4
9	7	5	6	3	8	2	4	1

84

8	6	9	2	1	4	3	5	7
3	7	2	1	4	8	5	6	9
6	8	1	3	5	9	7	4	2
4	5	3	7	9	2	8	1	6
5	1	4	6	7	3	9	2	8
9	2	8	5	6	7	4	3	1
1	9	7	4	2	5	6	8	3
2	3	5	9	8	6	1	7	4
7	4	6	8	3	1	2	9	5

85

8	6	1	2	3	7	5	9	4
7	4	5	8	2	1	3	6	9
2	3	4	5	9	6	1	8	7
1	2	8	9	6	4	7	5	3
6	7	9	1	5	3	8	4	2
9	5	6	3	7	2	4	1	8
4	1	7	6	8	9	2	3	5
3	8	2	4	1	5	9	7	6
5	9	3	7	4	8	6	2	1

86

8	2	3	6	4	7	5	9	1
1	3	8	7	2	5	9	4	6
4	6	7	1	9	3	8	2	5
9	4	5	8	7	6	3	1	2
7	5	6	9	1	4	2	3	8
6	8	1	2	5	9	4	7	3
2	7	9	3	8	1	6	5	4
3	1	4	5	6	2	7	8	9
5	9	2	4	3	8	1	6	7

정답

87

5	6	7	8	3	2	9	1	4
3	7	5	6	4	8	2	9	1
2	4	1	3	8	5	7	6	9
4	1	6	2	5	9	8	3	7
9	8	4	1	2	7	3	5	6
8	3	9	7	1	4	6	2	5
6	5	8	9	7	3	1	4	2
7	9	2	5	6	1	4	8	3
1	2	3	4	9	6	5	7	8

88

6	2	3	9	5	1	8	4	7
5	1	9	8	4	7	6	3	2
7	4	8	6	3	2	9	1	5
2	5	6	3	7	9	4	8	1
9	3	7	1	8	4	2	5	6
1	8	4	5	2	6	3	7	9
8	6	1	7	9	3	5	2	4
4	9	5	2	1	8	7	6	3
3	7	2	4	6	5	1	9	8

정답

89

3 < 8 > 5	6 > 4 < 9	1	7 > 2
2 > 1	6	7	8 > 5	9	3 < 4
4 < 9	7	1 < 2 < 3	8 > 5 < 6
7 > 5 > 2	9 > 3	8	4 < 6 > 1
1 < 3 < 9	2 < 6 > 4	5 < 8 > 7
6 > 4 < 8	5 > 1	7	3 > 2 < 9
8 > 6 > 4	3 < 7 > 1	2	9 > 5
5 < 7 > 3	4 < 9 > 2	6 > 1	8
9 > 2 > 1	8 > 5	6	7 > 4 > 3

90

2 < 8 > 4	5 < 6 > 3	7	9 > 1
6 > 3 < 5	9 > 1	7	8 > 4 > 2
7 > 1 < 9	2 < 8 > 4	5 < 3 < 6
8 > 2	6	4 < 5 < 9	3 > 1	7
9 > 4 > 1	7 > 3 < 6	2	8 > 5
5 < 7 > 3	8 > 2 > 1	9 > 6 > 4
4 < 9 > 8	6 < 7 > 5	1 < 2 < 3
1 < 6 > 7	3 < 9 > 2	4 < 5 < 8
3 < 5 > 2	1 < 4 < 8	6 < 7 < 9

정답

91

8	1	3	6	2	9	4	7	5
2	5	4	8	7	3	6	9	1
7	6	9	1	4	5	8	2	3
3	9	5	7	6	4	2	1	8
1	8	6	9	5	2	7	3	4
4	7	2	3	1	8	9	5	6
9	4	8	2	3	1	5	6	7
5	3	7	4	9	6	1	8	2
6	2	1	5	8	7	3	4	9

92

3	5	4	6	8	1	2	9	7
2	8	9	3	4	7	5	6	1
7	6	1	9	5	2	4	3	8
4	9	2	8	3	5	7	1	6
6	7	3	1	2	4	8	5	9
5	1	8	7	6	9	3	2	4
1	4	6	2	7	3	9	8	5
9	2	7	5	1	8	6	4	3
8	3	5	4	9	6	1	7	2

정답

93

2 < 4 > 1	9 > 7 < 8	5 > 3 < 6
6 < 8 > 7	5 < 3 > 2	4 < 9 > 1
5 > 3 < 9	6 > 4 > 1	2 < 8 > 7
8 < 9 > 5	4 < 1 < 7	6 > 2 < 3
4 < 7 > 6	2 < 9 > 3	1 < 5 < 8
3 > 1 < 2	8 > 6 > 5	7 > 4 < 9
9 > 6 > 3	1 < 5 > 4	8 < 7 > 2
1 < 5 < 8	7 > 2 < 9	3 < 6 > 4
7 > 2 < 4	3 < 8 > 6	9 > 1 < 5

94

8 < 9 > 5	3 > 2 > 1	7 > 6 > 4
3 < 6 > 1	4 < 8 > 7	9 > 5 < 2
7 > 4 > 2	9 > 6 > 5	1 < 3 < 8
6 < 8 < 9	5 < 7 > 4	2 < 1 < 3
5 < 7 > 3	2 < 1 < 9	4 < 8 > 6
1 < 2 < 4	8 > 3 < 6	5 < 9 > 7
9 > 5 < 8	6 > 4 > 2	3 < 7 > 1
2 < 3 < 7	1 < 5 < 8	6 > 4 < 9
4 > 1 < 6	7 < 9 > 3	8 > 2 < 5

95

5	4	8	2	9	3	1	7	6
2	3	1	4	7	6	5	8	9
7	6	9	5	1	8	2	4	3
4	2	6	9	8	5	3	1	7
1	9	3	6	4	7	8	2	5
8	5	7	3	2	1	6	9	4
9	8	5	1	3	4	7	6	2
3	1	4	7	6	2	9	5	8
6	7	2	8	5	9	4	3	1

96

4	5	6	8	3	9	7	2	1
8	1	9	7	5	2	6	3	4
2	3	7	4	1	6	5	8	9
7	4	5	1	6	8	2	9	3
3	2	1	9	7	5	8	4	6
6	9	8	3	2	4	1	5	7
9	6	4	2	8	1	3	7	5
1	8	3	5	4	7	9	6	2
5	7	2	6	9	3	4	1	8

정답

97

1	7	6	4	5	3	8	2	9
3	8	9	2	1	7	4	6	5
4	5	2	6	9	8	3	7	1
7	3	1	5	4	2	6	9	8
9	2	4	8	3	6	1	5	7
5	6	8	9	7	1	2	3	4
2	9	5	1	6	4	7	8	3
8	1	7	3	2	9	5	4	6
6	4	3	7	8	5	9	1	2

98

6	1	5	3	4	7	8	2	9
7	2	3	6	8	9	1	4	5
9	4	8	1	5	2	7	3	6
8	3	4	9	2	1	5	6	7
2	9	7	4	6	5	3	8	1
5	6	1	8	7	3	2	9	4
1	7	9	2	3	4	6	5	8
3	5	6	7	9	8	4	1	2
4	8	2	5	1	6	9	7	3

정답

99

3	9	6	8	4	1	2	7	5
1	4	7	2	3	5	6	9	8
5	2	8	9	6	7	4	3	1
9	3	2	6	1	4	5	8	7
7	1	4	5	8	2	3	6	9
8	6	5	7	9	3	1	2	4
6	5	9	1	2	8	7	4	3
2	7	3	4	5	9	8	1	6
4	8	1	3	7	6	9	5	2

100

1	2	7	9	3	8	6	5	4
4	3	6	2	5	7	9	1	8
9	8	5	6	1	4	7	3	2
3	9	2	8	6	1	5	4	7
6	4	8	5	7	9	1	2	3
7	5	1	4	2	3	8	9	6
5	7	3	1	8	2	4	6	9
2	6	9	7	4	5	3	8	1
8	1	4	3	9	6	2	7	5

정답

101

$_{15}$8	7	$_{7}$4	3	$_{13}$6	5	2	1	9
6	5	3	2	9	1	8	$_{5}$4	$_{16}$7
$_{20}$9	$_{6}$1	2	8	7	$_{5}$4	$_{13}$5	3	6
3	9	5	$_{16}$6	$_{17}$1	2	7	$_{11}$8	$_{10}$4
1	$_{22}$8	$_{16}$7	5	4	$_{11}$9	$_{13}$6	$_{5}$2	3
$_{6}$2	$_{4}$4	$_{21}$6	7	8	3	9	5	1
7	$_{3}$3	9	4	2	$_{20}$8	$_{12}$1	6	$_{6}$5
$_{12}$5	$_{6}$6	8	1	3	7	4	9	2
$_{4}$4	$_{2}$2	$_{18}$1	$_{14}$9	$_{10}$5	$_{17}$6	$_{19}$3	7	$_{10}$8

102

$_{6}$6	9	2	$_{12}$5	7	$_{7}$4	3	8	1
5	$_{10}$1	$_{10}$8	3	$_{11}$9	2	$_{21}$7	6	4
$_{9}$4	$_{7}$3	7	$_{11}$8	$_{12}$1	6	5	9	$_{7}$2
9	3	$_{7}$4	2	$_{14}$5	8	1	$_{16}$7	6
$_{16}$7	$_{5}$2	1	4	$_{15}$6	9	8	$_{14}$5	3
8	$_{6}$6	$_{6}$5	$_{13}$7	3	1	$_{14}$4	2	9
$_{9}$1	$_{23}$8	6	9	4	$_{8}$5	2	$_{19}$3	7
$_{3}$3	5	$_{10}$9	1	$_{9}$2	7	$_{10}$6	4	8
$_{2}$2	$_{9}$4	$_{21}$7	6	8	$_{19}$3	9	$_{14}$1	5

정답

103

3	5	2	6	7	8	1	9	4
6	17 9	9 1	2 2	5 5	19 4	3	17 8	7
14 8	11 7	4	1	3	9	6 2	5	17 6
1 1	2	12 6	5	20 8	11 7	4	8 3	9
7	10 8	3	9	4	13 6	5	2	10 1
9	4	17 5	3 3	6 2	1	21 6	7	8
21 5	10 6	8	4	9 9	3 2	7	4 1	3
2	1	21 9	16 7	6	3	15 8	9 4	5
7 4	18 3	7	8	15 1	5	9	8 6	2

104

4	8	1	3	7 7	9 9	2	5 5	6
5	3	8 7	9 6	4 4	2	11 9	8	1
18 9	13 2	6	5	11 8	1	3	15 7	11 4
6	4	8 2	9 1	3	7	8 5	9	8
9 3	9	8	4	14 2	5	16 1	6	7
1	20 7	13 5	13 9	6	15 8	4	3	17 2
7	9 5	4	15 8	1	3	6	2	9
10 2	22 6	9	7	12 5	4	16 8	1	12 3
9 8	1	5 3	2	15 9	6	7 7	10 4	5

정답

105

3	1	5	7	8	6	9	4	2
8	2	7	1	9	4	5	3	6
9	6	4	3	5	2	7	8	1
7	3	6	5	4	8	2	1	9
1	4	9	2	7	3	6	5	8
5	8	2	9	6	1	3	7	4
6	7	1	8	2	5	4	9	3
4	5	3	6	1	9	8	2	7
2	9	8	4	3	7	1	6	5

106

3	9	6	8	2	7	1	5	4
4	8	5	1	9	3	2	6	7
7	1	2	4	6	5	3	9	8
9	5	8	2	4	6	7	1	3
1	6	4	7	3	9	8	2	5
2	3	7	5	1	8	6	4	9
8	4	1	3	5	2	9	7	6
5	7	9	6	8	1	4	3	2
6	2	3	9	7	4	5	8	1

정답

107

$_{8}1$	2	5	6	$_{7}7$	4	3	8	9
7	6	8	3	1	9	$_{12}5$	$_{10}2$	4
$_{16}9$	3	$_{18}4$	$_{14}5$	$_{18}8$	$_{10}2$	1	7	$_{19}6$
6	8	2	1	4	7	9	$_{8}3$	5
$_{9}3$	$_{16}5$	$_{9}7$	$_{10}9$	$_{6}2$	$_{22}6$	4	1	8
4	9	$_{1}1$	$_{8}8$	5	3	7	6	$_{10}2$
$_{21}8$	$_{17}7$	6	4	$_{14}9$	$_{4}1$	$_{13}2$	$_{12}5$	3
2	4	$_{3}3$	7	6	5	8	9	$_{4}1$
$_{11}5$	$_{10}1$	9	$_{15}2$	$_{16}3$	8	$_{14}6$	$_{13}4$	$_{7}7$

108

$_{11}2$	9	6	5	8	3	4	1	$_{7}7$
5	3	1	$_{20}7$	$_{9}4$	2	9	$_{9}8$	6
$_{13}8$	$_{7}4$	$_{14}7$	$_{1}1$	$_{9}9$	6	$_{15}2$	3	5
3	1	9	2	6	$_{11}5$	$_{14}7$	4	$_{19}8$
7	$_{6}5$	$_{11}2$	$_{10}8$	3	4	$_{15}6$	9	1
$_{16}6$	8	4	9	$_{10}1$	7	3	$_{8}5$	2
9	7	$_{7}3$	$_{15}6$	$_{5}5$	$_{12}1$	$_{13}8$	2	4
1	$_{17}2$	$_{12}8$	4	7	$_{9}9$	5	$_{13}6$	3
$_{14}4$	$_{11}6$	5	$_{12}3$	2	$_{14}8$	1	$_{16}7$	9

정답

109

$_{24}$1	9	8	6	$_{12}$5	4	3	7	2
$_{5}$5	3	$_{16}$6	2	8	$_{12}$7	4	1	$_{18}$9
$_{2}$2	$_{10}$7	$_{8}$4	3	1	9	$_{19}$5	6	8
4	6	1	$_{16}$7	9	$_{14}$5	8	2	3
7	8	$_{13}$2	4	3	1	$_{16}$6	$_{17}$9	5
$_{20}$9	$_{13}$5	3	8	6	$_{6}$2	1	$_{11}$4	7
6	1	$_{8}$5	$_{17}$9	7	$_{6}$3	2	8	4
3	2	7	1	$_{17}$4	8	8	$_{13}$5	$_{10}$6
$_{18}$8	$_{13}$4	$_{17}$9	5	2	$_{23}$6	$_{11}$7	3	1

110

$_{5}$3	2	$_{20}$9	5	6	$_{9}$1	8	7	4
4	6	8	$_{16}$9	7	$_{9}$3	1	5	$_{13}$2
1	5	$_{25}$7	8	4	2	$_{15}$9	6	3
$_{21}$6	9	$_{15}$4	3	$_{7}$1	8	7	2	$_{8}$5
5	$_{20}$8	3	7	2	9	$_{13}$4	$_{7}$1	6
2	7	$_{10}$1	4	5	$_{23}$6	3	8	9
$_{22}$8	4	2	1	9	5	$_{17}$6	$_{19}$3	7
$_{7}$7	1	6	2	$_{17}$3	4	5	$_{17}$9	8
$_{9}$9	$_{8}$3	$_{13}$5	$_{9}$6	$_{24}$8	7	$_{7}$2	4	1

111

14 5	6	3	16 8	7	1	4	9	2
2	4	7	20 6	5	9	16 3	8	3 1
7 1	28 8	9	4	3	2	6	20 5	7
8	9 3	5	1	7 4	9 7	2	15 6	9
9	7	4	5	2	6	16 8	1	3
6	14 1	2	14 9	16 8	15 3	5	7	8 4
30 7	5	1	2	6	4	12 9	3	8
3	2	8	7	19 9	10 5	1	4	6
7 4	17 9	23 6	12 3	1	8	9 7	2	19 5

112

6	4	9	2 2	6 1	5	7	3	8
7	2	27 8	13 3	6	4	11 1	22 9	5
5	1	18 3	7	8	15 9	4	2	6
9	11 8	5 5	6	9 2	7	3	1	10 4
22 1	6	4	9	5	3	12 8	9 7	2
2	3	11 7	16 1	12 4	19 8	6	5	9
19 8	5	2	4	3	1	15 9	6	16 7
4	9	12 1	15 5	7	6	2	8	3
23 3	7	23 6	8	9	9 2	15 5	8 4	1

멘사 스도쿠 100문제 초급

IQ 148을 위한 두뇌 트레이닝

1판 1쇄 펴낸 날 2023년 2월 20일

지은이 브리티시 멘사
주간 안채원
책임편집 윤성하
편집 윤대호, 채선희, 장서진
디자인 김수인, 김현주, 이예은
마케팅 함정윤, 김희진

펴낸이 박윤태
펴낸곳 보누스
등록 2001년 8월 17일 제313-2002-179호
주소 서울시 마포구 동교로12안길 31 보누스 4층
전화 02-333-3114
팩스 02-3143-3254
이메일 bonus@bonusbook.co.kr

ISBN 978-89-6494-572-8 03410

멘사 스도쿠 시리즈

멘사 스도쿠 스페셜
마이클 리오스 지음 | 312면

멘사 스도쿠 엑설런트
마이클 리오스 지음 | 312면

멘사 스도쿠 챌린지
피터 고든 외 지음 | 336면

멘사 스도쿠 프리미어 500
피터 고든 외 지음 | 312면

멘사 스도쿠 100문제 초급
브리티시 멘사 지음 | 184면

멘사 스도쿠 200문제 초급 중급
개러스 무어 외 지음 | 280면